中国少年儿童科学普及阅读文库

探索·科学百科™

中阶

地球宝藏

TANSUO
KEXUEBAIKE
1级A4
探索·科学百科

[澳]爱德华·克洛斯⊙著

魏晓燕(学乐·译言)⊙译

Discovery
EDUCATION™

全国优秀出版社
全国百佳图书出版单位
广东教育出版社 学乐

广东省版权局著作权合同登记号

图字：19-2011-097号

本书原由 Weldon Owen Pty Ltd 以书名*DISCOVERY EDUCATION SERIES · Earth's Treasures*（ISBN 978-1-74252-166-4）出版，经由北京学乐图书有限公司取得中文简体字版权，授权广东教育出版社仅在中国内地出版发行。

图书在版编目（CIP）数据

Discovery Education探索·科学百科. 中阶. 1级. A4，地球宝藏 / [澳]爱德华·克洛斯著；魏晓燕（学乐·译言）译. — 广州：广东教育出版社，2012.6

（中国少年儿童科学普及阅读文库）

ISBN 978-7-5406-9077-9

Ⅰ.①D… Ⅱ.①爱… ②魏… Ⅲ.①科学知识—科普读物 ②地质学—少儿读物 Ⅳ.①Z228.1 ②P5-49

中国版本图书馆 CIP 数据核字 (2012) 第086971号

Discovery Education探索·科学百科（中阶）
1级A4 地球宝藏

著 [澳]爱德华·克洛斯　　译 魏晓燕（学乐·译言）

责任编辑 张宏宇 李 玲　　助理编辑 能 昀 李开福　　装帧设计 李开福 袁 尹

出版 广东教育出版社

　　　地址：广州市环市东路472号12-15楼　邮编：510075　网址：http://www.gjs.cn

经销 广东新华发行集团股份有限公司　　　　　　**印刷** 北京顺诚彩色印刷有限公司

开本 170毫米×220毫米　16开　　　　　　　　　**印张** 2　　　**字数** 25.5千字

版次 2016年3月第1版　第2次印刷　　　　　　　**装别** 平装

ISBN 978-7-5406-9077-9　　　**定价** 8.00元

内容及质量服务 广东教育出版社 北京综合出版中心

　　　　　　电话 010-68910906 68910806　　网址 http://www.scholarjoy.com

质量监督电话 010-68910906 020-87613102　　**购书咨询电话** 020-87621848 010-68910906

Discovery Education 探索·科学百科（中阶）

1级A4 地球宝藏

全国优秀出版社
全国百佳图书出版单位
广东教育出版社 学乐

目录 | Contents

地球在太空中的位置……………………6

早期的地球………………………………8

地球内部…………………………………10

变化的岩石………………………………12

岩石和矿物………………………………14

奇妙的矿物………………………………16

耀眼的石头………………………………18

火成岩……………………………………20

沉积岩……………………………………22

变质岩……………………………………24

神奇的化石………………………………26

迷人的地球………………………………28

互动

自己动手制作化石………………………30

知识拓展……………………………31

地球在太空中的位置

行星中地球拥有广阔的海洋和大量空气，看起来非常庞大。然而，它仅仅是太阳系八大行星中的一颗，八大行星都围绕着体积更为庞大的太阳运行。而太阳，也不过是其所在的银河系中上千亿颗恒星中的一颗。甚至银河系，也只是我们所能看到的宇宙中上万亿个星系中的一个而已。

太阳
它是一颗由气体组成的炽热的星球，为地球提供着光和热。

火星
通常也称作"红色星球"，是太阳系中第二小的行星。

地球
按照离太阳由近及远的顺序，地球是环绕太阳的第三颗行星，也是已知有生命存在的唯一行星。

金星
由于金星那厚实的大气裹住了太阳照射过来的热量，使得它成为太阳系最热的行星。

水星
水星是离太阳最近的行星，也是太阳系中最小的行星。

小行星带
在火星和木星之间，是一片由小而形状不规则的天体组成的区域，由于这些天体太小，所以还不能称为行星。

天王星

与其他所有行星不同的是，天王星是"躺倒"着的。

土星

土星和木星非常相似，被一条由冰组成的光环所围绕。

海王星

海王星是距离太阳最远的一颗行星，除了由冰构成的卫星外，还被一系列暗淡的圆环所围绕。

木星

木星是太阳系里最大的一颗行星，其体积比其他几颗行星加起来还要大。

太阳系的形成

科学家们认为，太阳系形成于大约46亿年前。起因可能是某颗恒星爆炸，搅动了外层空间一片由气体和尘埃组成的星云。

1 云的收缩
一个气体云在自身重力的作用下开始收缩。

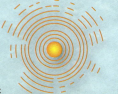

2 旋转的圆盘
当此星云在收缩时，开始变热、变平，并且旋转起来，从而形成一个巨大的圆盘。

4 成形
这些物体互相吸引，从而形成更大的天体。中心部分形成太阳，在太阳周围则逐渐形成各个行星。

3 结合成物体
圆盘内部的微粒开始结合并形成类似卫星的物体。

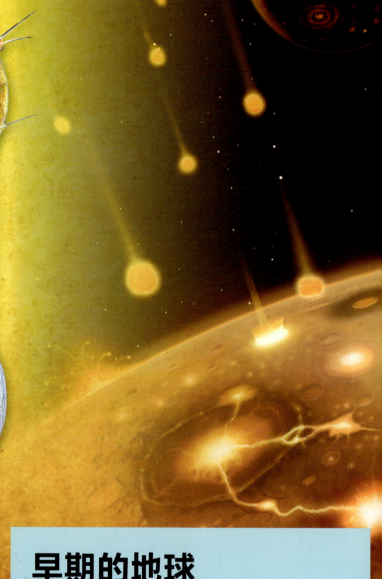

46~42亿年前

在较重的元素从炎热的地球内部沉降到地球内核的过程中，地球还承受着流星和彗星的撞击。

42~38亿年前

从陨石坑流出的熔岩冷却并形成了地壳，而火山和彗星带来的水则形成了大洋。

水的世界

从太空里望去，地球呈现出蓝白相间的颜色。蓝色是以海洋形态存在的部分，占地球表面70%以上；而白色则是以云和冰的形态存在的水。

早期的地球

地球和太阳及太阳系其他星球一样，起源于大约46亿年前同一个由气体和尘埃组成的星云。随着时间的流逝，气体、冰、尘埃和小块岩石在重力作用下慢慢被凝聚在一起，最终形成了我们今天看到的行星和卫星。

陨石作用

所有行星及其卫星都被小行星撞击过上百万次。当我们观察地球的卫星——月球时,可以看到在过去数百万年间,由于陨石和彗星的撞击,在月球表面形成的巨型陨石坑。由于缺少空气和构造板块的影响,这些陨石坑永远都不会消失。

陨石撞击

今天,小行星有时还会从小行星带里偏离出来,最终和一个行星相撞,形成一个陨石坑,坑的大小则取决于小行星的体积。

1 小行星在逼近

小行星会因摩擦炽热,并在行星或卫星的大气里熔化掉一部分。

2 火球

小行星从80千米外急坠而下的过程需要4秒钟,之后便会撞击到地面,并使表面的岩石气化。

3 撞击

由气化的岩石和白热化的碎片组成的云雾被抛向空中。

4 云雾冷却

云雾会扩散到周边很广的区域里,冷却、凝固,最终形成岩石。地下极热的岩石则会发生爆炸,并且在坑中心形成一座小山。

5 陨石坑

无论小行星来自于哪个方向,都会形成一个圆形的陨石坑。

地球内部的成分

　　虽然我们无法深入到地球深处，去完整地了解地球内部的情况，但是我们可以根据从其他星球得到的岩石和矿物，来对我们地球的内部探个究竟。

地壳

- ■ 硅 58%
- ■ 铝 16%
- ■ 铁 8%
- ■ 镁 4%
- ■ 钙 7%
- ■ 纳 3%
- ■ 钾 2%
- ■ 其他 2%

地幔

- ■ 硅 45%
- ■ 镁 41%
- ■ 铁 8%
- ■ 铝 3%
- ■ 钙 2%
- ■ 其他 1%

地核

- ■ 铁 84%
- ■ 镍 6%
- ■ 其他 10%

地球内部

地球由好几层组成，当地球还是一个熔岩球时，就已经形成了这些地层。如果我们能去地球中心旅行，我们首先要穿过一个很薄的岩石地壳。接着，我们要通过一个厚厚的，由坚硬的岩石组成的有弹性的地幔。之后会通过一个温度极高而且呈现液态的外核，最后才会到达地球的内核——由铁和镍组成的炽热又坚硬的球体。

橄榄岩

　　有时，地幔的一部分会因火山喷发而被带至地表，称为"橄榄岩"。

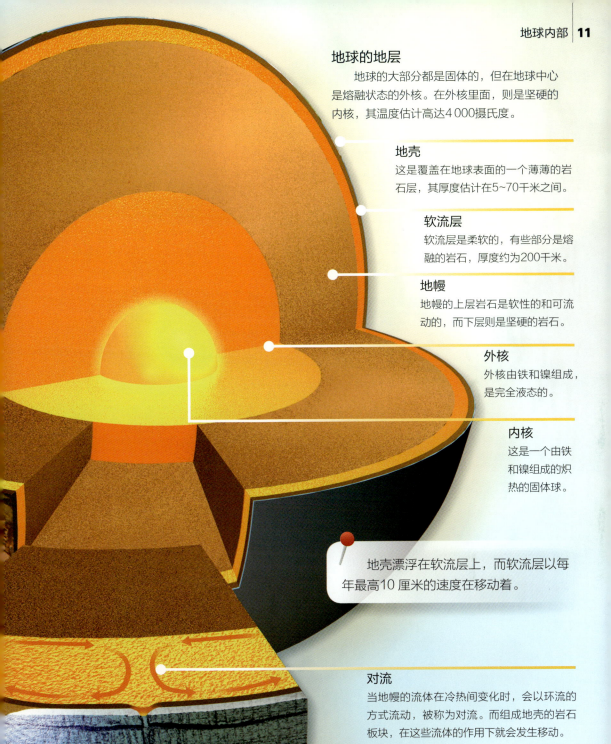

地球的地层

地球的大部分都是固体的，但在地球中心是熔融状态的外核。在外核里面，则是坚硬的内核，其温度估计高达4 000摄氏度。

地壳

这是覆盖在地球表面的一个薄薄的岩石层，其厚度估计在5~70千米之间。

软流层

软流层是柔软的，有些部分是熔融的岩石，厚度约为200千米。

地幔

地幔的上层岩石是软性的和可流动的，而下层则是坚硬的岩石。

外核

外核由铁和镍组成，是完全液态的。

内核

这是一个由铁和镍组成的炽热的固体球。

地壳漂浮在软流层上，而软流层以每年最高10 厘米的速度在移动着。

对流

当地幔的流体在冷热间变化时，会以环流的方式流动，被称为对流。而组成地壳的岩石板块，在这些流体的作用下就会发生移动。

变化的岩石

岩石在板块运动的作用下，被推高，又在风和雨的作用下被侵蚀。当熔岩冷却下来后，会形成火成岩。当岩石碎屑聚集在一起时，会形成沉积层。沉积层被压缩在一起时会形成沉积岩，而在高温和高压作用下，则会形成变质岩。

运动中的岩石

我们脚下的岩石已经运动了将近50亿年。这种岩石循环是一个非常缓慢的过程——当岩浆从火山里喷发出来之后，便会受到侵蚀，然后又会形成新的岩石。最终，则被带回地下深处。

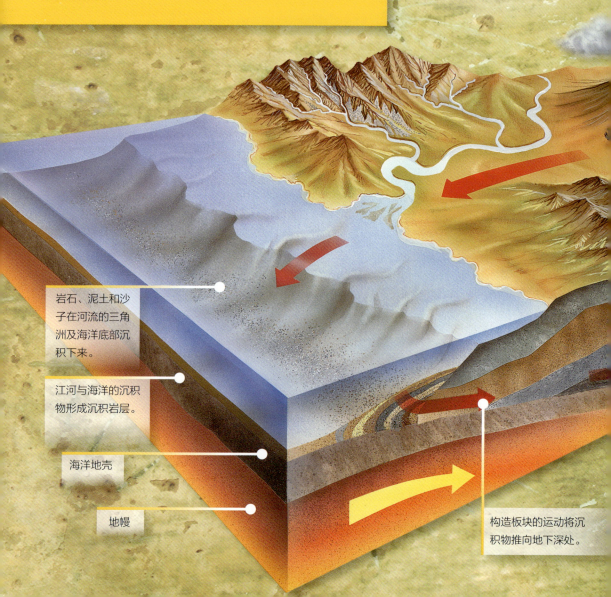

岩石、泥土和沙子在河流的三角洲及海洋底部沉积下来。

江河与海洋的沉积物形成沉积岩层。

海洋地壳

地幔

构造板块的运动将沉积物推向地下深处。

岩石受到侵蚀，并被带走。

熔岩冷却并硬化，形成火成岩。

岩石的种类

岩石的形成、改变需要数百万年的时间。我们在地球上能够发现以下三种岩石：

火成岩

火成岩是由岩浆从火山喷发出来之后凝固而成，例如花岗岩、玄武岩和燧石岩。

沉积岩

火成岩在被侵蚀后形成沉积层，继而形成沉积岩。化石就常发现于这一岩层。沉积岩的种类有石灰岩、白垩岩和砂岩等。

沉积物在地下的高温和高压作用下形成变质岩。

大陆地壳

变质岩

火成岩和沉积岩在巨大的热量和压力作用下，形成变质岩，常见的变质岩有页岩、大理岩和石英岩。

岩石和矿物

所有的岩石都是由矿物构成，而岩石又形成了山岳、峭壁和土壤，甚至沙子和粘土也是某类由微粒构成的岩石。将岩石塑造成地球上各种景观的时间极为漫长，少则数千年，多则数百万年。

岩石

岩石常被用来建造房屋、桥梁和很多其他人造物品，而从大大小小的石头上分离下来的矿物，有时也会被加工成砖块。由沉积岩制成的水泥，就是一种常见的建筑材料。通过加热和化学处理，岩石可以被加工成玻璃和陶瓷制品。在过去的几百万年里，为了打猎和生存，人们已经习惯了利用岩石来制造工具和武器。

透明

清晰
英;
物只
则完

矿物

　　矿物是地球表面除动植物以外的一类自然存在的物质。一块岩石中的矿物，往往会形成小的晶粒，这些晶粒环环相扣地结合在一起，从而形成坚硬而紧实的物体。有些矿物是单一元素的，例如金子和硫磺，而有些则是由两种以上的元素组合而成，例如硅酸盐。

晶体

　　一个晶体就是一组有机地结合在一起的原子或分子。不同的晶体会呈现出不同的特性和形状。例如，糖的晶体大致上是长方体的，但在两端有所倾斜，而盐的晶体就是正方体的。晶体有很多种用途，例如，几千年来，钻石、祖母绿、红宝石和蓝宝石都被人们作为昂贵的珠宝所珍藏，而微小的振荡晶体则被用于无线电和钟表里。

火成岩

　　火成岩是由岩浆冷却并凝固而成。如果火成岩是在地壳深处极高温度的环境下形成，可能需要数千年才能冷却凝固下来，从而导致这种矿物的晶体非常巨大，例如花岗岩；而如果火成岩是在地球表面形成，其冷却下来的时间不过数小时，在这种岩石内部形成的晶体就会十分微小。

柱形结构

　　岩柱是火山锥和熔岩流在经历了漫长岁月后所遗留下来的产物。当岩石外围较松软的部分被侵蚀掉后，这些岩石就会呈现出如教堂支柱一般的巨大柱形。

冷却的熔岩

　　当熔岩的热量从表面散失到空气中，从底部散失到地面上时，熔岩就会冷却下来并开始收缩。

张裂

　　在逐渐冷却下来的熔岩表面，由于张力的增加，开始出现一些微小的裂痕，并且会慢慢扩展到熔岩中心的高温部分。

完整的岩柱

　　当裂缝分别从熔岩流的上下两边向中心部分扩展，并接通后，就形成了岩柱。

玄武岩沙

这片黑色的沙滩位于冰岛的蒂霍拉伊（Dyrholaey），它黑色的沙子就来自周边区域的玄武熔岩。

巨人堤道

这些神奇的石柱位于北爱尔兰，它形成于遥远的6000万年前。当时，由于欧洲和北美板块的分离，在火山作用下，熔融的玄武岩被喷发出来。当熔岩冷却后，就出现了不可思议的六边形石柱，其中有些宽达60厘米。

峡谷的形成

当水流长期经过一片地方达数百万年后，水向下切入岩石内部，从而形成峡谷和沟渠。

形成河道

当海平面下降或陆地抬升时，沉积岩就会被暴露在外，而河流就会开始在陆地上切割出河道。

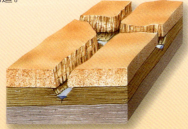

陆地被侵蚀

一边是陆地继续被风雨侵蚀着，一边是水流向下切入得更深，深至非常坚硬的岩石。当河流到达比较柔软的地层时，就会流向比较坚硬的岩石下方，并且进一步向下挖掘。

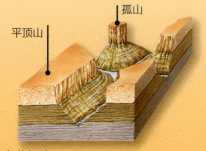

孤山

平顶山

山谷拓宽

在硬岩下流动的水流导致上方的岩层坍塌，从而形成宽阔的平顶山和窄小的孤山。

沉积岩

火成岩在数百万年间，由于风力和雨水的侵蚀作用，变成小的岩石颗粒，并被带到湖泊和海洋的底部。逐渐的，沉积层越来越厚，最后达到数千米的厚度。所有沉积物合在一起的重量极为惊人，这种巨大的力量将沉积层推向更深处的地层。在这个过程中，矿物像水泥一样将各种沉积物黏合在一起，从而形成沉积岩。

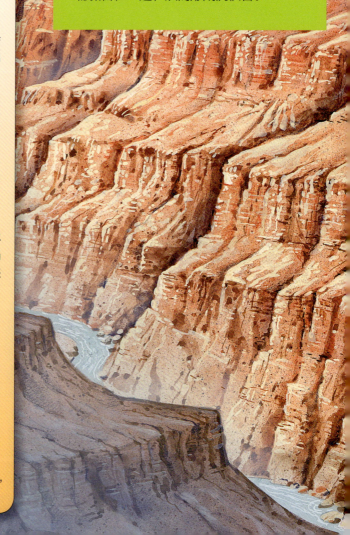

美国大峡谷

美国亚利桑那州的大峡谷是非常有名的一处大型峡谷构造。它是世界上最大的沙漠峡谷，由一些厚厚的沉积层堆叠而成，已有20亿年之久。

凯巴布石灰岩

最新的岩层，由微小的贝壳化石组成。

托若维普砂岩

当海洋上升到高过了可可尼诺沙漠时，沙子便沉积下来，从而形成了这一岩层。

可可尼诺砂岩

当海洋还处在沙漠以下时，沙漠里的沙子形成了这一岩层。

赫米特页岩

河流把淤泥带到三角洲的洪泛平原上，从而形成这一岩层。

苏派集合层

当海洋尚浅时，河流将泥沙带至更早期的石灰岩上，从而形成这一组岩层。

红墙石灰岩

在漫长的岁月里，在海底死亡的微小生物的外壳经过慢慢堆积，形成这一岩层。

坦普尔孤山石灰岩

当海平面最高时，暖水域里生机勃勃。

穆阿石灰岩

当海洋将陆地完全淹没时，微小的海洋贝壳沉积在这里。

布莱特天使页岩

当海面上升，漫过塔匹兹沙滩后，淤泥的微细颗粒渐渐形成了这一岩层。

塔匹兹砂岩

当海面上升，漫过毗湿奴地表后，多沙的海滩形成了这一岩层。

琐罗亚斯德花岗岩

这一岩层强行侵入毗湿奴片岩内部，并且在古山脉被侵蚀之前慢慢冷却下来。

毗湿奴片岩

这是最古老的一个岩层，在20亿年以前，由于两个大陆的撞击，将整个山脉都推向高处，从而产生了这一岩层。

距今年份
（百万年）

- 265
- 270
- 275
- 280
- 300
- 340
- 375
- 520
- 540
- 560
- 2 000

变质岩的类型

由于作用在岩石上的温度和压力的不同，所以会形成不同类型的变质岩。

千枚岩

这种分层的变质岩主要由石英、绢云母、云母和绿泥石构成。

闪岩

主要由普通角闪岩构成，是一种黑色的、比重很大的岩石。

片麻岩

这种中、粗粒变质岩很常见，在很多地方都有分布。

片岩

这种粗粒变质岩的外观是层状的。

变质岩

在地表以下的火成岩或沉积岩受到高温和高压的作用时，就会形成变质岩。在高温和高压的"煎烤"下，岩石的结构会发生很大变化。岩石的一部分会被熔化，其化学结构都会发生改变，使得最后形成的岩石与最初时有很大不同。大理石是一种常见的变质岩，它是由石灰岩在经受了数千年的高温和高压作用后形成的。

区域变质作用

当构造板块上的两股相对力量挤压一大片陆地时，就可能引起区域变质作用。这种对立的力量会将岩石折叠并压碎，由于温度和压力的不同，从而产生各种不同类型的变质岩。

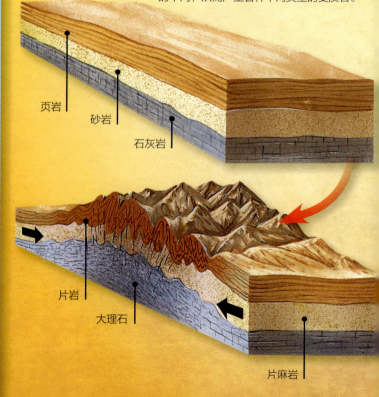

页岩

砂岩

石灰岩

片岩

大理石

片麻岩

石英岩

这是位于犹他州黄石河盆地的石英岩结构，嵌有紫色的条纹。

山岳奇迹

巨型山脉——例如喜马拉雅山——含有数百万年形成的变质岩。

接触变质作用

当岩浆经过岩层上涨时，就会发生接触变质作用。岩浆加热了周边的岩石，根据原来岩石的种类不同，从而产生了不同类型的变质岩。

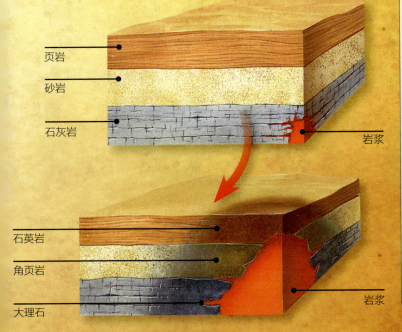

页岩

砂岩

石灰岩

岩浆

石英岩

角页岩

大理石

岩浆

变质岩的用途

变质岩在日常生活中有各种用途，它们可以被用在建筑、雕刻和装饰上，也可被用来加工成工具。

大理石

印度的泰姬陵就是由变质岩的一种——大理石——所建造。

玉

作为变质岩的一种，玉石在中国的雕刻艺术中被使用了数千年。

青金石

从古代时起，这种深蓝色的变质岩就被用于装饰品中。

琥珀

有的时候，生物体会整个都陷入在树脂里，从而被完好地保存下来。图片里的这些黄蜂就是因为没能及时从树脂里跑掉，就这样在树脂的包裹下被埋藏了数百万年。

神奇的化石

有时候，当一个动物或植物死去后，它的残骸在被破坏前被埋葬起来。当条件合适时，这些残骸就可能被完好的保存下来，成为化石。化石是被保存在地壳中的动物、植物或其他有机物的远古的遗迹，它的形式可以是贝壳、骨头、牙齿、落叶甚至脚印。

揭开地层的秘密

我们在最深的地层里发现最古老的岩石，其中就可能含有水藻的遗迹。而在上面一些的岩层里，可以发现更多复杂的动、植物。其实，每一个地层都对应着不同的年代。古生代的岩石里可以发现早期的生命遗迹，中生代岩石里则发现的是后期的生命遗迹，而新生代岩石里发现的更多的是近生代的生命遗迹。

你知道吗？

化石的时间跨度很大，有35亿年前微小的水藻遗迹，也有一万年前最后一次冰河期被封存的动物遗体。

石化作用

恐龙化石极为稀少，其原因在于恐龙要想成为化石，必须在腐烂或者被食腐动物吃掉之前迅速地被埋起来。通常，只有恐龙那坚硬的骨骼和牙齿才会变成化石，有时被石化的也会有恐龙的粪便和脚印。

7000万年前

一个又大又湿的沙丘正好倒在两头在激战的恐龙身上，就这样把它们压在了这层沙子中间。最后，虽然它们的软组织已经腐烂，但是它们的骨架却保留了下来。

三叶虫化石

三叶虫是一种拥有坚硬外壳，并且生活在海洋里的节肢动物。它们在2.5亿年前就已经存在，直至古生代晚期时完全灭绝。根据它们的化石记录显示，三叶虫的种类曾经有数千种之多。

蚜头虫目
克洛尼特虫

球接子目
佩奇虫

裂胁目
克特勒虫

4000万年前

恐龙的骨架被岩层压在下面，地下水中的化学质逐渐把恐龙的骨头变成如石头一样坚硬的化石。

2万年前

地壳的运动创造出新的山峰，这些山峰的一部分在最后一个冰河期被侵蚀掉，使得化石离地表的距离更近。

现代

由于表面的岩石受到风雨的侵蚀，化石被暴露出地表，便开始了人类对恐龙化石漫长的发现历程。

迷人的地球

在漫长的岁月里，无论是地球本身，还是居住于其上的人类，都创造出很多叹为观止的成就。其中既包括如澳大利亚大堡礁和美国大峡谷这样的自然景观，也不乏如美国胡佛大坝和连接大西洋与太平洋的巴拿马运河这样的人造奇迹。下面，就把我们这颗星球上一些著名的奇观和成就做一介绍。

烟花中的矿物

烟花中含有很多天然矿物，如铁、铝和铜等，正是它们为我们提供了烟火表演时那五光十色的美丽景象。

库里南钻石

1905年在南非一个矿里，发现了世界上最大的一颗钻石原石。从这颗原石上切割下来的最珍贵的几颗钻石，都镶嵌在了英国女王的王冠上。

巨石阵

这些位于英格兰威尔特郡的碑石建造于四千多年前。这些巨石是怎样建造起来，又是为了什么而矗立在这里？数百年来，人们一直在努力解开这个谜团。

拉什莫尔山

1927至1941年间，四百名工人通过辛苦的劳作，在美国南达科他州的拉什莫尔山崖上，雕刻出四位美国总统的头像。

卡尔斯巴德洞窟

在美国新墨西哥州，经过流水数百万年的作用形成了一个巨大的石灰岩洞。它长达59.5千米，是世界上最大的地下洞穴。

吉萨大金字塔

这个巨大的人造奇观位于埃及，数千名工人历时二十多年才建造成功。它由230多万块石灰岩板组成，并且在长达3800年里一直保持着世界最高建筑的记录！

乌鲁鲁

这块大型砂岩矗立在澳大利亚内陆，高达348米，边沿长达9.4千米。乌鲁鲁岩石的外观在一年四季里都会变化，例如傍晚时分会呈现鲜红色，而在多雨季节则是银灰色。

自己动手制作化石

利用在家里就可以找到的简单物件，你也可以自己制作一个化石印记！

1 将烘焙纸放于烤盘上。

2 在塑料容器中倒入一半的泥土。

3 将少量清水慢慢拌入泥土中，直至变成可以用来捏成模型的稠粘状泥巴。

4 将用于制作化石的物品放在泥巴模型的中间。

5 把模型放在烘焙纸上做成一个泥饼，保证用于制作化石的物品完全被泥巴包裹在里面，不能露出来。

6 将烤盘放到太阳下面或者温暖的窗台上，使得泥巴模型变干、变硬。

7 当泥巴模型完全干透，变得很硬之后，小心将它打开，就能看到你自己制作的化石了！

提示

你也可以使用自己的手印或脚印来制作化石。另外，除了使用泥巴，也可以尝试一下粘土或石膏。

想象一下，就好像真的找到被埋藏了数百万年的化石！

你需要准备：

☑ 烘焙纸。

☑ 平的金属烤盘。

☑ 用来搅拌泥土的塑料容器。

☑ 土壤。

☑ 水。

☑ 搅拌用的勺子。

☑ 用于制作化石的物品，例如一片树叶、一只小蜗牛或海贝壳、一块木头，或者一颗有壳的坚果。

知识拓展

小行星 (asteroid)
围绕太阳沿轨道运行的小型岩石天体。

软流层 (asthenosphere)
地壳下面的一个地层。

大气层 (atmosphere)
由于地球重力而被束缚在地球周围的一个气体层。

彗星 (comet)
由岩石和冰组成的物体，运行在围绕太阳的长型轨道上。

核心 (core)
一颗行星、恒星或星系的中心地带。

陨石坑 (crater)
由彗星或陨石撞击行星或卫星表面而形成的坑。

地壳 (crust)
地球或其他类地行星的外层。

断口 (fracture)
当一块矿物裂开或破碎后留下的印记。

重力 (gravity)
将所有物体拽向一颗行星中心的无形力量。

火成的 (igneous)
描述熔融的岩浆凝固成为岩石的过程。

熔岩 (lava)
在火山喷发期间流出的熔融的岩石，形成于一颗行星的内部。

光泽 (luster)
反射的光线，尤其指矿物表面反射的光线。

地幔 (mantle)
行星或其他固态天体的一个内部区域，位于外壳以下，包裹着核心。

变质的 (metamorphic)
描述岩石在高压和高温作用下发生改变的过程。

陨石 (meteorite)
从太空而来，与卫星或行星表面相撞的一块岩石或金属。

矿物 (minerals)
在地球或其他行星内部所形成的固体化学物质，它们是岩石的组成部分。

熔化 (molten)
描述岩石在极高温度下变成液态的过程。

轨道 (orbit)
用于命名一个天体围绕另一个更大天体运转的路线。

沉积的 (sedimentary)
描述沙子、泥土和沉积物累积形成岩石的过程。

太阳系 (Solar System)
指太阳和八颗行星，以及围绕太阳运行的所有其他天体的总称。

恒星 (star)
主要由氢气和氦气组成的，闪耀着极强光亮的星球。

矿物条痕 (streak)
通过将矿物在白色硬表面上划擦而得到的细致粉末的颜色。

透明性 (transparency)
可以透过它看清楚其他物体的一种状态。

白热 (white-het)
最初指金属物质一般遇到摄氏1500度以上高温时，它的火焰炽热而发出的白光，这一物理现象称为白热化。

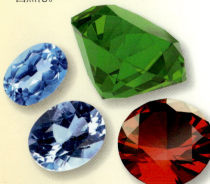

探索·科学百科™

Discovery EDUCATION™

世界科普百科类图文书领域最高专业技术质量的代表作

小学《科学》课拓展阅读辅助教材

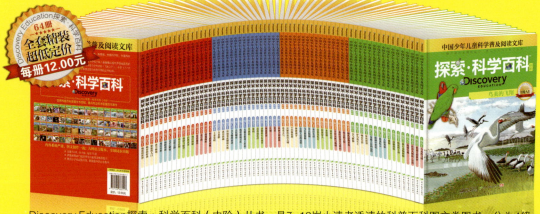

64册
全套精装
超低定价
每册12.00元

Discovery Education探索 · 科学百科（中阶）丛书，是7~12岁小读者适读的科普百科图文类图书，分为4级，每级16册，共64册。内容涵盖自然科学、社会科学、科学技术、人文历史等主题门类，每册为一个独立的内容主题。

Discovery Education
探索·科学百科（中阶）
1级套装（16册）
定价: 192.00元

Discovery Education
探索·科学百科（中阶）
2级套装（16册）
定价: 192.00元

Discovery Education
探索·科学百科（中阶）
3级套装（16册）
定价: 192.00元

Discovery Education
探索·科学百科（中阶）
4级套装（16册）
定价: 192.00元

Discovery Education
探索·科学百科（中阶）
1级分级分卷套装（4册）（共4卷）
每卷套装定价: 48.00元

Discovery Education
探索·科学百科（中阶）
2级分级分卷套装（4册）（共4卷）
每卷套装定价: 48.00元

Discovery Education
探索·科学百科（中阶）
3级分级分卷套装（4册）（共4卷）
每卷套装定价: 48.00元

Discovery Education
探索·科学百科（中阶）
4级分级分卷套装（4册）（共4卷）
每卷套装定价: 48.00元